ストローとモールでつくる幾何学オブジェ

公益財団法人 日本数学検定協会

はじめに

多面体に興味を持ってくれたあなたへ

　小学生・中学生のみなさん、夏休みの工作や自由研究のテーマはもう決まりましたか？
　本書は楽しみながら多面体をつくることによって、幾何学の理解を深めることを目的としています。ストローとモールでつくった多面体を多角的に見ることで授業の理解が深まり、さらには自分でつくっていく過程のなかで、今まで知らなかった多面体の性質を発見できるはずです。ストローやモールといった、100円ショップでも入手できる材料を使っているので、気軽に幾何学を学ぶことができます。『ストローとモールでつくる幾何学オブジェ』、夏休みの工作にぴったりではないでしょうか。
　昔、小学生・中学生だったみなさん、幾何学は好きでしたか？
　「大好きだった！」というあなたにも、「ここに補助線を一本引けば簡単に解ける！」という友達の言葉を聞いて、「その一本が見つけられないんだよ～」と思っていたあなたにも、「数学なんて……」というあなたにも、「まずは楽しみながらつくってみませんか？」と提案する一冊です。配色を考えたり、複雑な模様を想像しながら指先を動かしたりすることは脳の刺激にもなるので、大人でも楽しめるものになっています。
　「多面体」は、「多数」の「面」で囲まれた「立体」です。この本でつくる立体は、面ではなく、面のふちの辺からなります。本書でつくる立体は、面には囲まれていませんが、空間上にストローの辺で囲まれた見えない面があると仮定して、「多面体」といっています。
　面ではなく辺でとらえる利点は、面の背後に隠れて見えない構造も理解できるということです。多くの立体をつくっていくうちに、いつの間にか空間把握力も高まっていることでしょう。
　一冊分の立体をつくり終えるころにはきっと、多面体の魅力に夢中になっていると思います。制作物を誰かに見せたくなったりするでしょう。それにより、交流が生まれるでしょう。
　多面体をつくることによって、いろいろな世界が広がれば幸いです。
　なお、一部の図版の作成に当たり、幾何ソフト『Cabri 3D V2（Naoco Inc.）』を利用させていただきました。これらの図版の掲載をご承諾いただきました株式会社ナオコ　中澤房紀社長に心より御礼申し上げます。

はじめに……2
用意するもの……8
パーツを準備しよう……10
算数・数学用語……12

第1章　正多角柱

1．正三角柱……16
2．正四角柱……20
3．正五角柱……21
4．正六角柱……22
◆円……23

第2章　正多面体

5．正四面体……26
6．正六面体……30
7．正八面体……36
8．正十二面体……40
9．正二十面体……44
◆おまけ……48
◆調べてみよう♪……50
◆双対多面体……51

第3章　準正多面体

◆準正多面体の分類……56
◆準正多面体を構成する面……58
◆この章のページの見方……59
10．切頂四面体……60
11．切頂六面体……61
12．切頂八面体……62
13．切頂十二面体……63

14．切頂二十面体……64
15．立方八面体……70
16．二十・十二面体……71
17．斜方立方八面体……72
18．斜方二十・十二面体……73
19．斜方切頂立方八面体……74
20．斜方切頂二十・十二面体……75
21．ねじれ立方体……76
22．ねじれ十二面体……78

第4章　デルタ多面体

23．デルタ四面体……82
24．デルタ六面体……83
25．デルタ八面体……84
26．デルタ十面体……85
27．デルタ十二面体……86
28．デルタ十四面体……87
29．デルタ十六面体……88
30．デルタ二十面体……89
◆おまけ……90

立体一覧……92

登場する動物たち①

ペン太ゴン
好奇心旺盛なアデリーペンギンのペン太ゴン。好きな多面体は、正五角柱。

みどくま
お調子者のツキノワグマのみどくま。みんなと一緒に正四面体をつくりたいと思っている。

パオパオ
心優しいアジアゾウのパオパオ。サッカーが得意で、切頂二十面体をつくるのを楽しみにしている。

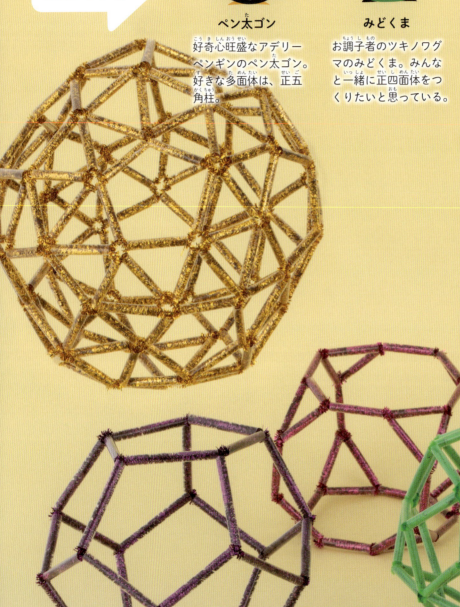

うさっぴ

しっかりもののうさぎのうさっぴ。きれいな多面体オブジェが大好き。

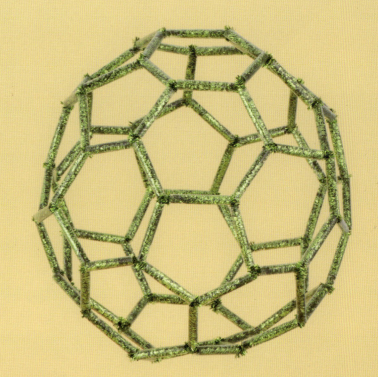

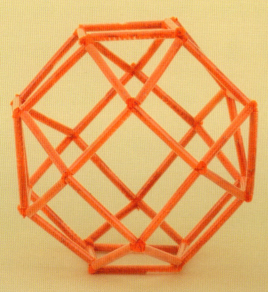

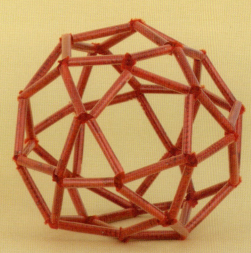

登場する動物たち②

リンキー先生
数学の先生。いつも高いところからみんなを見守っている。

ニャー校長
ニャー校長にかかれば、難しい多面体もお手のもの。

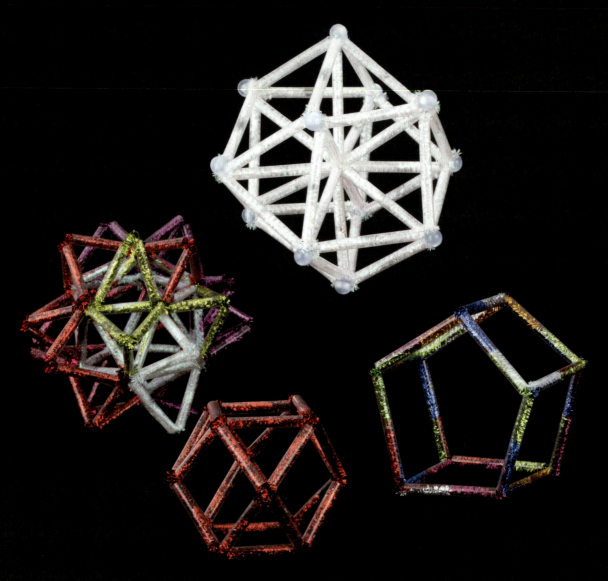

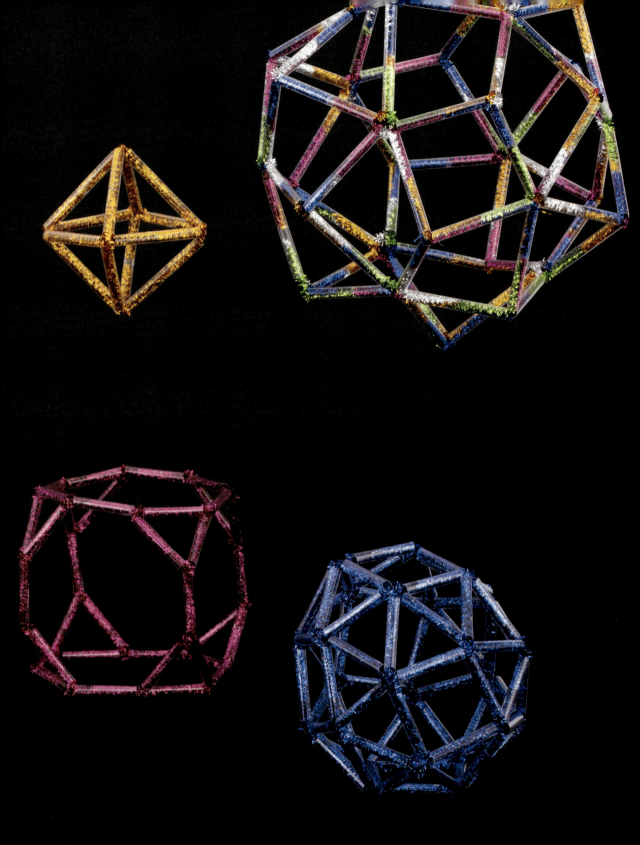

用意するもの

この本にのっている多面体をつくるのに必要なものと、あったらいいものを紹介します。

◆＝用意するもの
◆＝あったらいいもの

◆エプロン
切ったモールが洋服につくのをふせぎます。木綿素材だとモールがくっついてしまうので、ナイロン製がおすすめです。

◆ビーズ
P91のように多面体の飾りに使えます。

◆モール
きらきらタイプやもこもこタイプがあります。針金がかたいタイプがおすすめです。

◆ストロー
モールの色がきれいに見えるように、透明がおすすめです。濃い色やパステルカラーのストローもあります。細いストローだと形が安定します。

◆水性ペン
ストローを切るところに印をつけるために使います。

◆ボールやバケツ
切ったストローとモールを入れるのに便利です。

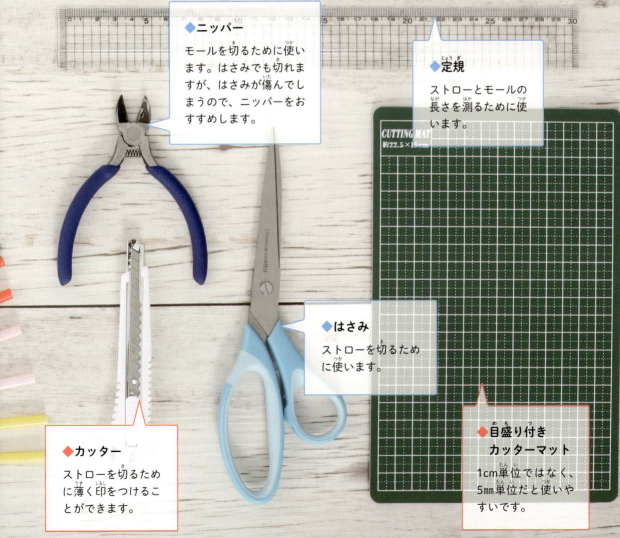

◆ニッパー
モールを切るために使います。はさみでも切れますが、はさみが傷んでしまうので、ニッパーをおすすめします。

◆定規
ストローとモールの長さを測るために使います。

◆はさみ
ストローを切るために使います。

◆カッター
ストローを切るために薄く印をつけることができます。

◆目盛り付きカッターマット
1cm単位ではなく、5mm単位だと使いやすいです。

多面体をつくるために、ストローとモールをたくさん用意しよう！

パーツを準備しよう

ストローとモールのパーツを準備します。この本では、15cmのモールと18cmのストローを使用します。用意したストローとモールの長さが違う場合は、自分がつくりたいと思う長さに変えて、いろいろ試してみましょう。

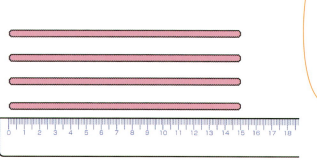

モールを切ると細かいごみが出るよ新聞紙の上で切ろう

❶. 好きな色のモールを用意します。

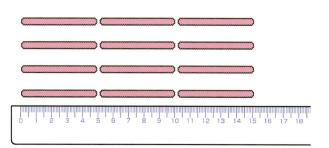

はりがねで手をけがしないように気をつけてね

❷. ❶のモールを3等分します。5cm、10cmのところで切ります。

10

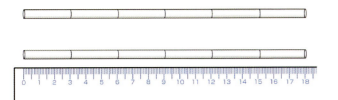

❸. ストローを用意します。6等分したいので、3cm、6cm、9cm、12cm、15cmのところに印をつけます。

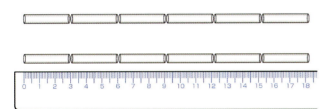

❹. 3で印をつけたところを切ります。

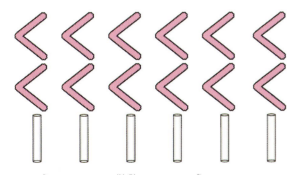

❺. 2で切ったモールを半分のところで折って、「くの字」型にします。

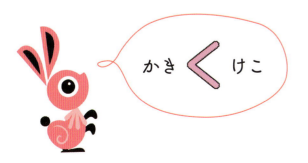

幾何学に関する用語をおさえておこう！

算数・数学用語

この本に出てくる算数・数学用語を紹介します。この本を読んで分からなくなったら、このページに戻って確認しましょう。

合同　2つの図形がぴったり重なりあうとき、その2つの図形は合同であるといいます。

多角形　何本かの直線でかこまれた図形を多角形といいます。たとえば、三角形や四角形は多角形です。

正多角形　辺の長さがみんな等しく、角の大きさもみんな等しい、へこみのない多角形を正多角形といいます。たとえば、正三角形や正方形は正多角形です。

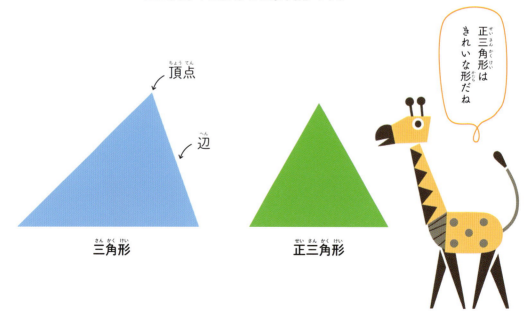

正三角形はきれいな形だね

多面体 何枚かの多角形の面でかこまれた立体を多面体といいます。たとえば、三角柱や立方体は多面体です。面の数がもっとも少ない多面体は四面体です。

正多面体 すべての面が合同な正多角形で、どの頂点にも同じ数の面があつまる、へこみのない立体を正多面体といいます。

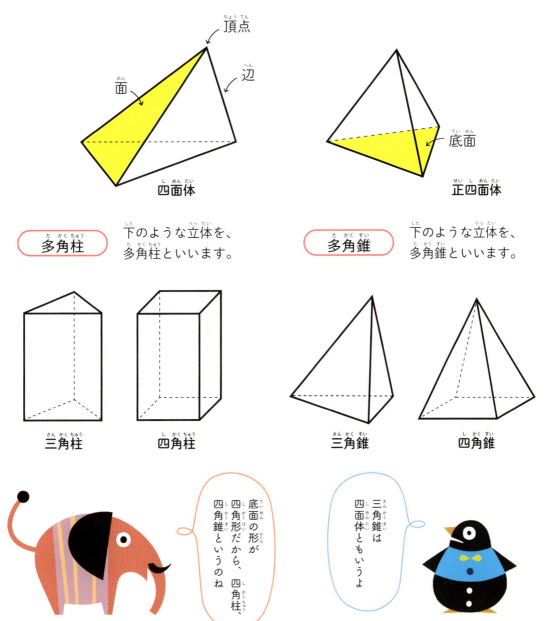

多角柱 下のような立体を、多角柱といいます。

多角錐 下のような立体を、多角錐といいます。

底面の形が四角形だから、四角柱、四角錐というのね

三角錐は四面体ともいうよ

第1章 正多角柱(せいたかくちゅう)

正三角柱(せいさんかくちゅう)

正四角柱(せいしかくちゅう)

正多角柱は、上の面と下の面（向かいあう底面）が同じ形をした立体のことです。同じ形であるだけではなく、正三角形、正四角形（正方形）、正五角形のような正多角形である立体です。

正五角柱

正六角柱

難易度 │ ★☆☆

正三角柱

せいさんかくちゅう

上の面と下の面が正三角形である立体

ストローの数 ── 9本
モールの数 ── 18本

正三角柱は上の面と下の面が正三角形で、側面が四角形である立体です。

ストローの長さがみんな同じだから、側面の正四角形は正方形になるね

16

正三角柱

つくり方

1

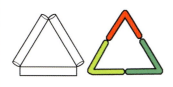

ストローを3本、正三角形の形に置きます。モールを半分に折って、正三角形の形に置きます。

まずは正三角形をつくろう

2

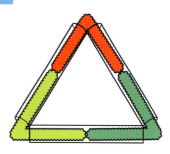

ストローの中にモールを入れました。

3

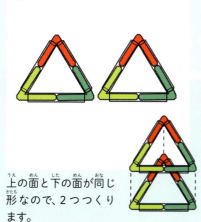

上の面と下の面が同じ形なので、2つつくります。

4

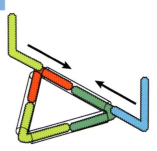

上の面と下の面をつなげる辺をつくります。正三角形の一辺であるストローに、両端からモールを2本入れます。

第1章　正多角柱　｜　17

正三角柱 | つくり方のつづき ▶▶▶

5

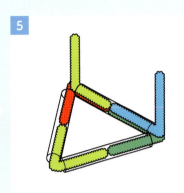

モールを2本入れました。

6

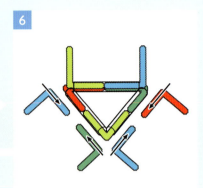

他の二辺にも同じようにモールを入れます。

7

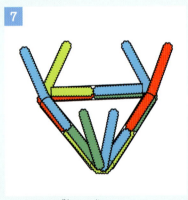

モールを2本ずつ入れました。

8

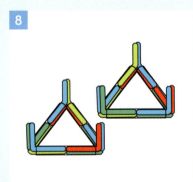

上の面と下の面の2つ分、同じようにモールを入れました。

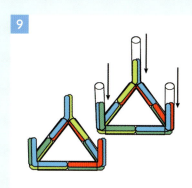

側面をつくります。片方のモール3本にストローをさします。

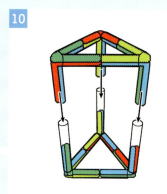

ストローを入れなかったほうのモールを、ストローに入れます。

正三角柱の完成です。

正三角柱ができたよかんたんだったかな？次のページでは正四角柱にちょうせんしよう！

第1章　正多角柱　｜　19

難易度 ★☆☆

正四角柱

せいしかくちゅう

上の面と下の面が正方形（正四角形）の立体

ストローの数 — 12本
モールの数 —— 24本

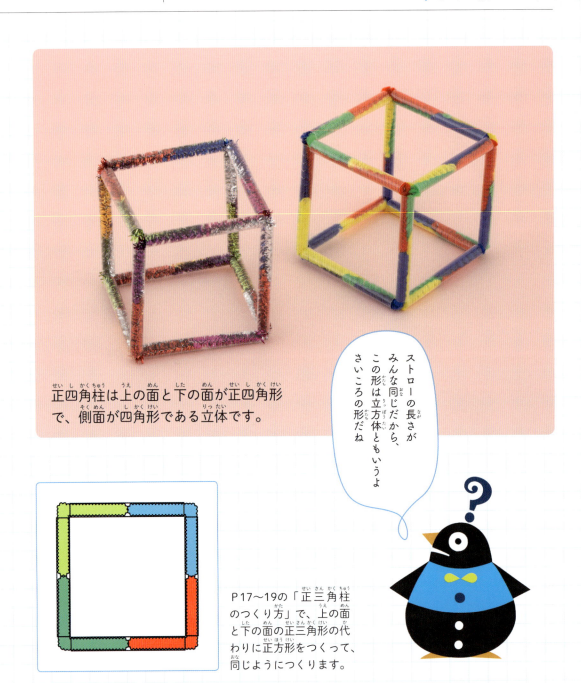

正四角柱は上の面と下の面が正四角形で、側面が四角形である立体です。

ストローの長さがみんな同じだから、この形は立方体ともいうよ　さいころの形だね

P17～19の「正三角柱のつくり方」で、上の面と下の面の正三角形の代わりに正方形をつくって、同じようにつくります。

難易度 ★☆☆

正五角柱

せいごかくちゅう

上の面と下の面が正五角形の立体

| ストローの数 — 15本
| モールの数 —— 30本

正五角柱は上の面と下の面が正五角形で、側面が四角形である立体です。

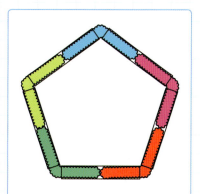

つくった正五角柱には2つの図形がかくれているよ　正方形と正五角形がいくつずつあるか、みつけられるかな？

P17〜19の「正三角柱のつくり方」で、上の面と下の面の正三角形の代わりに正五角形をつくって、同じようにつくります。

第1章　正多角柱　21

難易度 | ★☆☆

正六角柱

せいろくかくちゅう

上の面と下の面が正六角形の立体

ストローの数 —— 18本
モールの数 —— 36本

正六角柱は、上の面と下の面が正六角形で、側面が四角形である立体です。

ストローの数がどんどん増えていくなぁ 何かきまりはあるのかな？

P17の「正三角柱のつくり方」で、上の面と下の面の正三角形の代わりに正六角形をつくって、同じようにつくります。

円

正多角形は、辺の長さと角度がすべて同じです。ここまでに、4つの正多角形をつくりました。

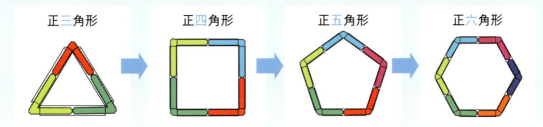

ところで、辺の数を増やしていくと、どうなるでしょうか。

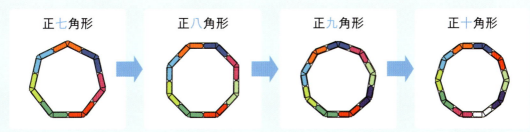

だんだん、ある形に近づいてきました。辺の数を増やしていくと、まる○の形に近づいていきます。数学用語では、まるのことを円といいます。

この本では正六角柱までを紹介しました。辺の数を増やしても、完全な円にはなりませんが、上の面と下の面が円であるとき、その立体を円柱といいます。円柱は、小学校5年生で学習します。

わたしは正十角柱をつくってみたいわ

第2章 正多面体

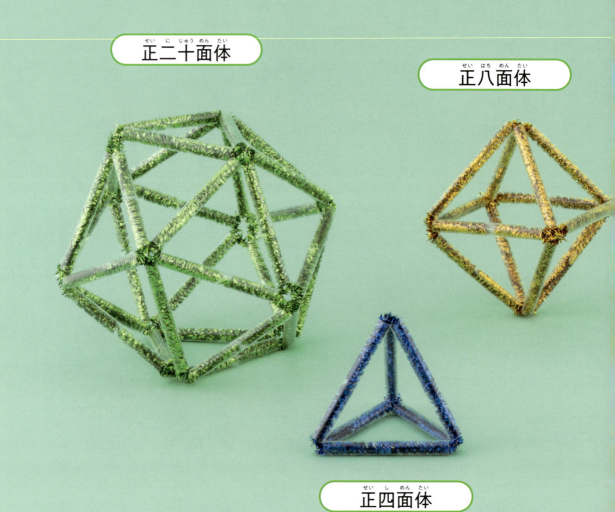

正二十面体

正八面体

正四面体

どの面もすべて合同な正多角形で、どの頂点のまわりにも同じように面が集まる、へこみのない多面体を正多面体といいます。正多面体は全部で5種類あります。面の形は正三角形、正四角形（正方形）、正五角形のどれかです。

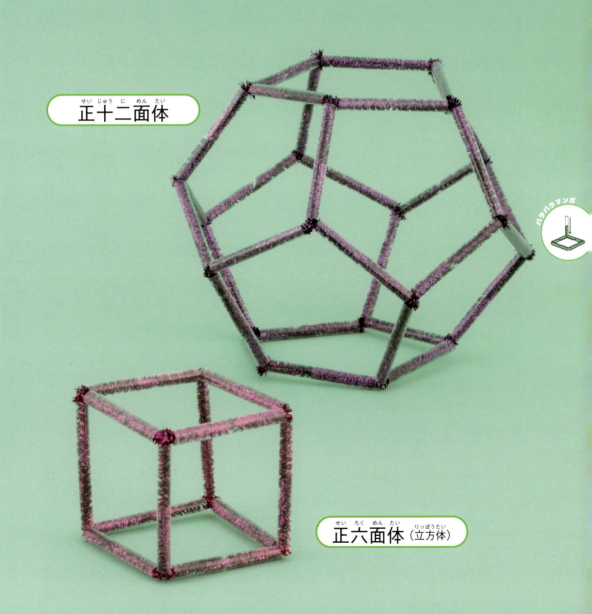

正十二面体

正六面体（立方体）

| 難易度 | ★☆☆ |

正四面体

せいしめんたい

いちばん小さな正多面体

ストローの数 —— 6本
モールの数 —— 12本

正四面体は、すべての面の形が正三角形でできています。どの頂点にも、面が3つ集まっています。

小さいけど、正三角形4枚の立体はがんじょうだね

正四面体

つくり方

この章では、すでにつくった部分のモールの色と新しく入れるモールの色を違う色で表します。

…すでにつくった部分のモール　　…新しく入れるモール

1
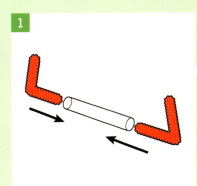

矢印の方向に、ストローにモールを入れます。

2
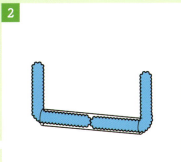

ストローの両端にモールを入れます。

3

2で入れたモール2本にストローをさします。

まず、正三角形をつくるよ

4

3でさしたストローにモールを1本入れます。

正三角形ができたね

第2章　正多面体

正四面体 | つくり方のつづき ▶▶▶

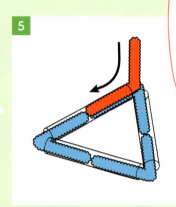

5 正三角形の頂点のストローに、モールを入れます。

このままだとストローからモールがぬけてしまうので、モールを2本入れてがんじょうにするよ

6 5の頂点で、もう片方のストローにモールを入れます。

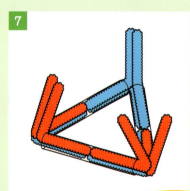

7 残りの2つの頂点にも同じように、ストローにモールを1本ずつ入れます。

1本のストローの端には、モールは必ず2本入るよ

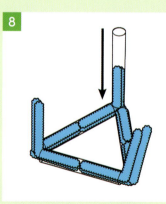

8 7の1つの頂点のモールを2本まとめて、ストローをさします。

正四面体

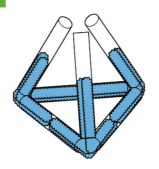

9

残りの2つの頂点にも同じように、モールを2本まとめて、ストローをさします。

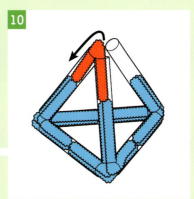

10

9のストロー2本にまたがるように、モールを1本入れます。

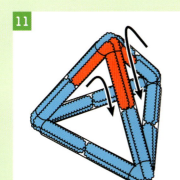

11

10でモールを入れたストロー2本に、1本ずつモールを入れて、モールを残りのストローにさします。

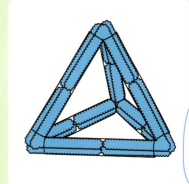

正四面体が完成したよ

第2章 正多面体

難易度 | ★☆☆

正六面体

せいろくめんたい

すべての面が正方形の正多面体

ストローの数 ── 12本
モールの数 ── 24本

正六面体は、すべての面の形が正四角形でできています。どの頂点にも、面が3つ集まっています。

さいころの形だね

正六面体

つくり方

 …すでにつくった部分のモール　　 …新しく入れるモール

1

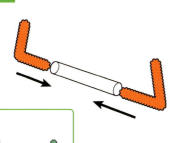

ストローの両端にモールを入れます。

2
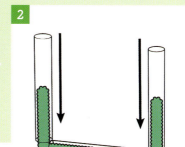

1で入れたモール2本にストローをさします。

パラパラマンガ

3
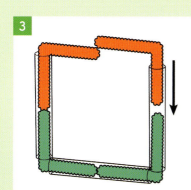

2でさしたストローにモールを1本ずつ入れます。

4
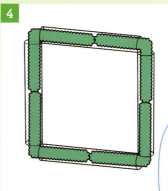

3で入れたモールにストローを1本さします。

正四角形ができたよ

まず、正四角形をつくるよ
数学用語では「正方形」だけど、ここでは他の形とそろえて「正四角形」とよぶことにするよ

第2章　正多面体　31

正六面体 | つくり方のつづき ▶▶▶

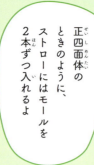

正四面体のときのように、ストローにはモールを2本ずつ入れるよ

5

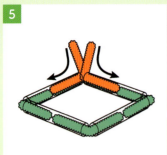

正四角形の頂点の2本のストローに、モールを1本ずつ入れます。

6

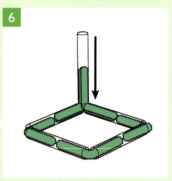

5の1つの頂点のモールを2本まとめて、ストローをさします。

7

6でさしたとなりの頂点にも同じように、ストローにモールを1本ずつ入れます。

8

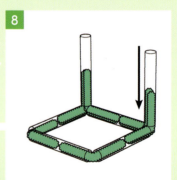

7の1つの頂点のモールを2本まとめて、ストローをさします。

9

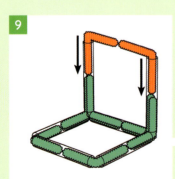

7と**8**でさしたストロー2本に、それぞれモールを1本ずつ入れます。

正四角形が2つできたよ

32

正六面体

9 で入れたモール2本に、ストローを1本さします。

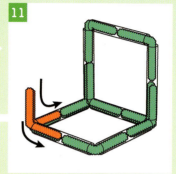

下の面の正四角形のうち、モールが1本しか入っていないストローの頂点にモールを1本ずつ入れます。

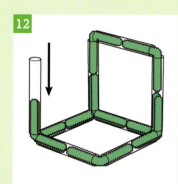

11 で入れたモールにストローを1本さします。

12 でさしたストローと、そのストローに平行なとなりのストローにモールを2本と1本入れます。

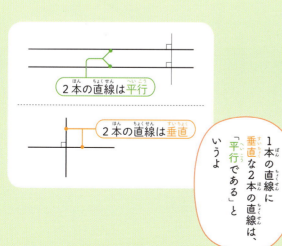

1本の直線に垂直な2本の直線は、「平行である」というよ

第2章 正多面体 | 33

正六面体 | つくり方のつづき ▶▶▶

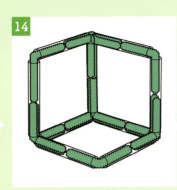

14

13で入れたモール2本に、ストローを1本さします。

正四角形が3つできたよ あと3つつくろう

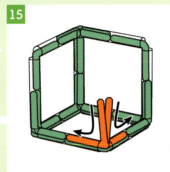

15

下の面の残りの頂点のストローに、モールを1本ずつ入れます。

16

15で入れたモール2本に、ストローを1本さします。

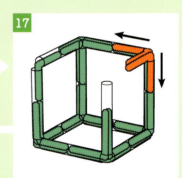

17

14でできた正四角形のうち、片方の頂点のストローに、モールを1本ずつ入れます。

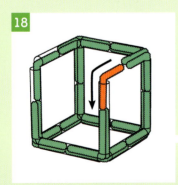

18

16でさしたストローに、モールを1本入れます。

あとひといき！

34

正六面体

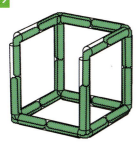

正四角形が4つできたよ

18のストローをさしていない部分のモールに、ストローを1本さします。

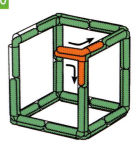

19でできた正四角形の頂点のうち、片方のストローにモールを1本ずつ入れます。

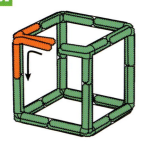

19でできた正四角形の頂点のうち、もう片方のストローにモールを1本ずつ入れます。

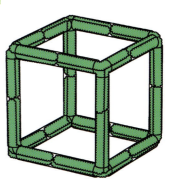

正六面体が完成したよ

21のストローをさしていない部分のモールに、ストローを1本さします。

第2章 正多面体 | 35

難易度 | ★☆☆

正八面体

せいはちめんたい

正三角形8枚からなる正多面体

ストローの数 —— 12本
モールの数 —— 24本

正八面体は、すべての面の形が正三角形でできています。どの頂点にも、面が4つ集まっています。

2つの正八面体の見た目がずいぶんちがうけど、同じ立体だよ

正八面体

つくり方

 …すでにつくった部分のモール　　 …新しく入れるモール

1

まず、正八面体の頂点の部分をつくろう

ストローの端にモールを2本入れます。

2

1で入れたモールに、モールを1本追加してストローをさします。

3

正八面体の頂点の部分ができたよ

ポイント!

頂点のモールは、となり合うストローに入れていきます

2のストローに入っていないモールに、モールを1本追加してストローを2本さします。

第2章　正多面体　37

正八面体 | つくり方のつづき ▶▶▶

正四角錐ができたよ

4
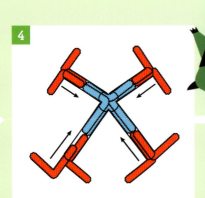

3のモールが入っていないストローに、モールを2本ずつ入れます。

5

ピラミッドの形だね

4のモールに、ストローを1本ずつさします。

6
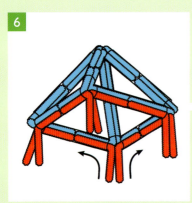

5のストローにモールを1本ずつ入れます。

7
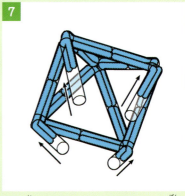

6で入れたモールにストローを1本ずつさします。

下の部分をつくっていくよ

38

正八面体

 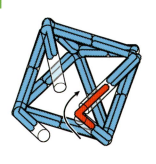

7のストロー2本にまたがるように、モールを入れます。

ストローにはモールを2本ずつ入れましょう　はずれにくくなるわよ

モールが入っていないストローに、モールを1本ずつ入れます。

 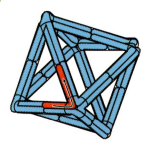

最後に、1本しか入っていないストローにモールを入れます。

モールの色をカラフルにすると楽しいね

正八面体が完成したね

第2章　正多面体　｜　39

難易度 ★★☆

辺の長さが同じとき、いちばん大きな正多面体

正十二面体

せいじゅうにめんたい

ストローの数 ― 30本
モールの数 ― 60本

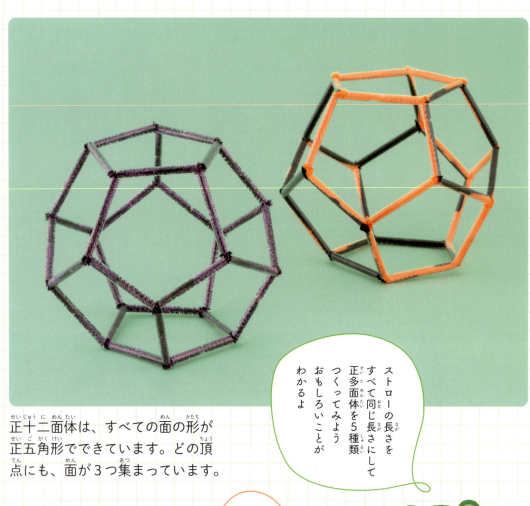

正十二面体は、すべての面の形が正五角形でできています。どの頂点にも、面が3つ集まっています。

ストローの長さをすべて同じ長さにして正多面体を5種類つくってみるとおもしろいことがわかるよ

答えはこのページの上のほうにかいてあるよ

正十二面体

つくり方

 …すでにつくった部分のモール

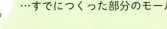 …新しく入れるモール

1
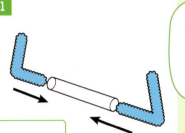

まず、正五角形をつくるよ

ストローの両端にモールを入れます。

2
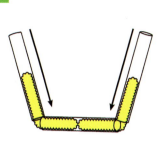

1で入れたモール2本にストローをさします。

3
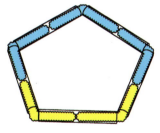

正五角形をつくります。

他の正多面体と同じように、ストローにはモールを2本ずつ入れるよ

4
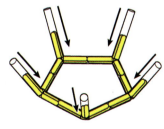

側面をつくりましょう

正五角形の頂点の2本のストローに、モールを1本ずつ入れます。

5
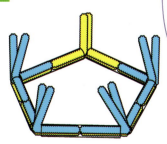

正五角形のほかの頂点も同じように、頂点の2本のストローにモールを1本ずつ入れます。

6

5の1つの頂点のモールを2本まとめて、それぞれストローをさします。

第2章 正多面体　41

正十二面体 | つくり方のつづき ▶▶▶

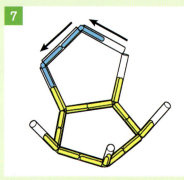

図のようにストローにモールを順に入れます。

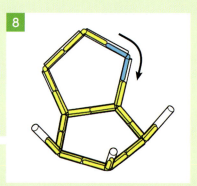

7のストローの端と6でさしたストローにモールを入れて、正五角形をつくります。

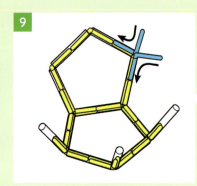

8でできた正五角形の1つの頂点に、モールを1本ずつ入れます。

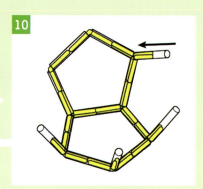

9で入れたモール2本にストローを1本さします。

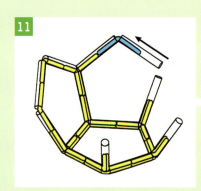

7のように10でさしたストローにモールを入れ、そのモールにストローをさします。

正五角形が3つできたよ

11のストローの端と6でさしたストローにモールを入れて、正五角形をつくります。

正十二面体

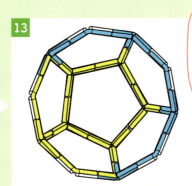

同じようにして、側面の正五角形を、あと3つつくります。

ここまでで半分完成したよ

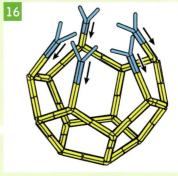

13でできた正五角形の頂点のストローに、モールを2本ずつ入れます。

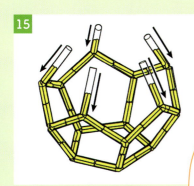

14で入れたモールを2本まとめて、ストローをさします。

16のモールだけにストローをさすと、モールが1本しか入っていないから、がんじょうになりません必ずモールを1本追加してね

15でさしたストローにモールを2本ずつ入れます。

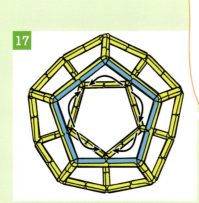

16で入れたモールにさらにモールを1本ずつ追加してストローをさします。

正十二面体が完成したよ

43

難易度 ★★☆

正二十面体

せいにじゅうめんたい

いちばん面の数が多い正多面体

| ストローの数 — 30本
| モールの数 —— 60本

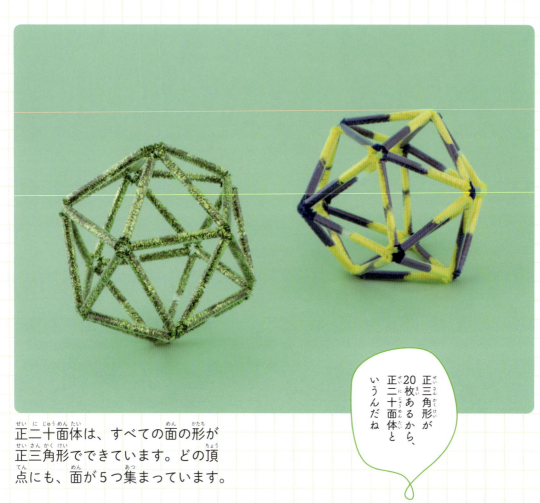

正二十面体は、すべての面の形が正三角形でできています。どの頂点にも、面が5つ集まっています。

正三角形が20枚あるから、正二十面体というんだね

正二十面体

つくり方

 …すでにつくった部分のモール

 …新しく入れるモール

1
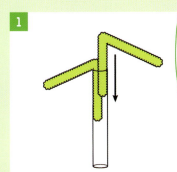

まず正二十面体の頂点の部分をつくろう

ストローの端にモールを2本入れます。

2
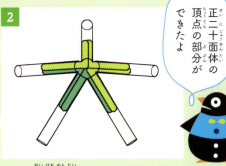

正二十面体の頂点の部分ができたよ

P37の正八面体のときのように、モールとストローを順に入れていき、1つの頂点からストローが5本出るようにします。

3
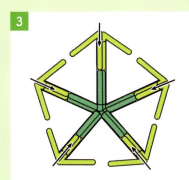

2のモールが入っていないストローにモールを2本ずつ入れます。

4

正五角錐ができたよ

3のモールに、ストローを1本ずつさします。

5
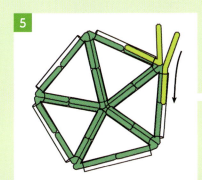

正五角錐の底面のストローの頂点にモールを2本入れます。

6
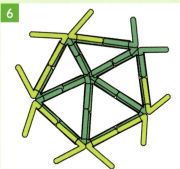

残りの頂点にも同じようにモールを2本ずつ入れます。

第2章 正多面体

正二十面体 | つくり方のつづき ▶▶▶

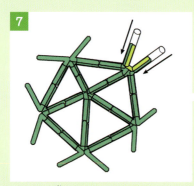

7 5と6で入れたモールに、さらにモールを1本追加してストローを2本さします。

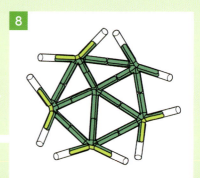

8 残りの頂点にも同じようにモールの部分にさらにモールを1本追加してストローを2本ずつさします。

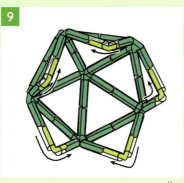

9 8でさしたストローに、モールを入れて正三角形をつくります。

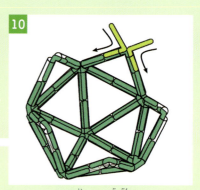

10 9でモールを入れた部分のストローにモールを2本さします。

11 残りの頂点にも同じように、ストローにモールを2本ずつさします。

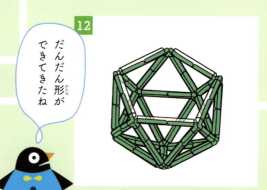

だんだん形ができてきたね

12 10と11で入れたモールにストローをさします。

正二十面体

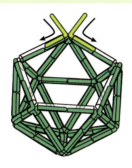

12でさしたストローにモールを2本入れます。

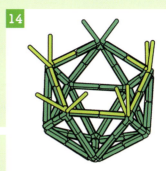

残りの頂点にも同じように、ストローにモールを2本ずつ入れます。

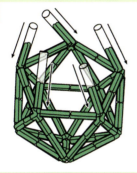

13と14で入れたモールを2本まとめてストローをさします。

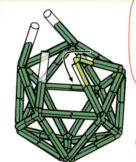

15のストロー2本にまたがるようにモールを入れます。

正八面体のときと同じだね

残りのストローにも同じようにモールを入れます。

正二十面体が完成したよ

1	2	3	4
上にぽこぽこくっついているのはさっきつくった正四面体じゃない？正四面体が、1、2、3……	20個！20個くっついているよ！何にくっついているのかな？	正四面体の面は正三角形でしょう？正三角形の面が20個ある正多面体だから……正二十面体だ！	つまりこれは、正二十面体に正四面体が20個くっついている立体ですね

1 正二十面体に正四面体をそのままくっつけようとすると、ストローが重なっちゃうよ

2 まず正四面体の底面のストローをはずして、重ならないようにしよう

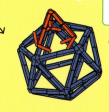

3 そのまま正四面体のモールを正二十面体にさすと、ストローにモールが2本ではなく、3本入っちゃうね

4 だからモールをそのままさしてもいいけど、正四面体のモールをさすところから正二十面体のモールを1本抜けば、全部モールが2本ずつ入ることになるね これを20個分くりかえせばいいんだ！

よ〜し！つくってみるぞ〜!!

調べてみよう♪

つくった正多面体を見ながら、下の表を完成させてみよう。

	面の形	頂点の数	辺の数	面の数
正四面体	正三角形	4	6	4
正六面体				
正八面体				
正十二面体				
正二十面体				

答えはP95にかいてあります。

それぞれの多面体について、

| 頂点の数 | − | 辺の数 | + | 面の数 |

の値を計算してみよう。どんなことがいえるかな？

この きまりを見つけた人はスイスのオイラーという人だよ どんな人かな？

あれ？正六面体と正八面体の辺の数は同じで、頂点の数と面の数の関係は……？

ペン太ゴンと同じ発見をしたよ！正十二面体と正二十面体も同じ関係になっているね！

双対多面体

　正六面体と正八面体の辺の数は同じで、頂点の数と面の数は逆になっています。同じように、正十二面体と正二十面体の辺の数も同じで、頂点の数と面の数は逆になっています。
　この関係を双対とよびます。

　頂点の数と面の数が逆転するということは、正六面体の頂点を面に、面を頂点に変えると正八面体になる、ということです。
　例えば、正六面体の重心を結ぶと、正八面体ができます。さらにその正八面体の重心を結ぶと、正六面体ができます。

　同じように考えると、正四面体の重心を結ぶと正四面体ができます。自分自身と双対なので、正四面体は自己双対といいます。

正六面体と正八面体の双対関係

第3章 準正多面体

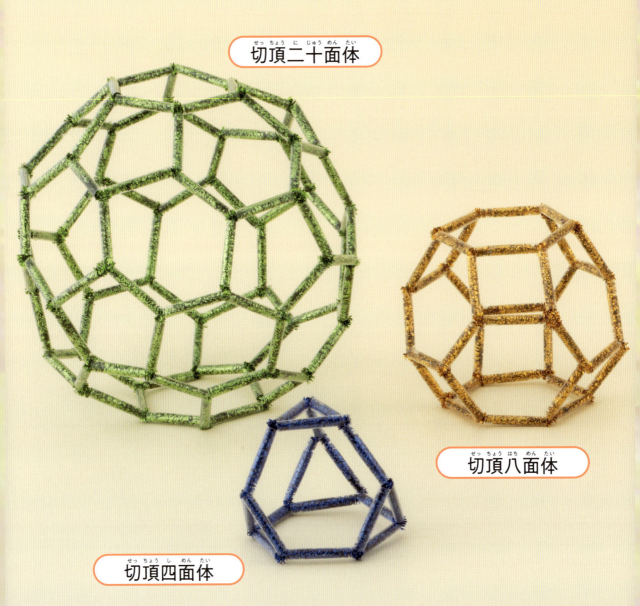

切頂二十面体

切頂八面体

切頂四面体

すべての面が同じ形ではないものの、どの面も正多角形で、どの頂点のまわりにも同じように面が集まる、へこみのない多面体があります。このような立体を準正多面体といいます。ここでは13個の準正多面体を紹介します（準正多面体のことを半正多面体とよぶこともあります）。

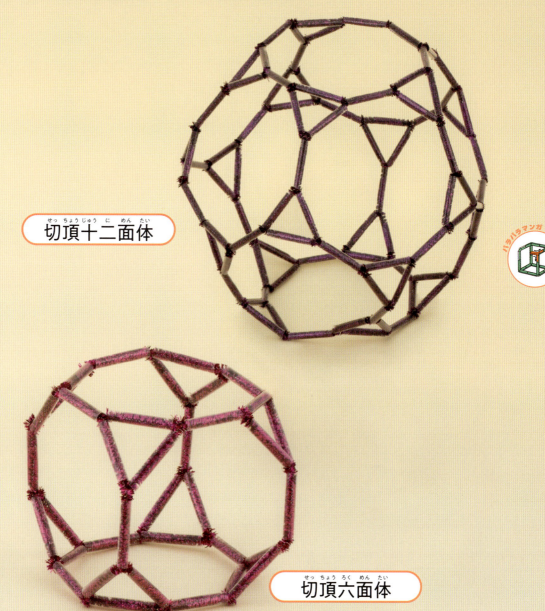

切頂十二面体

切頂六面体

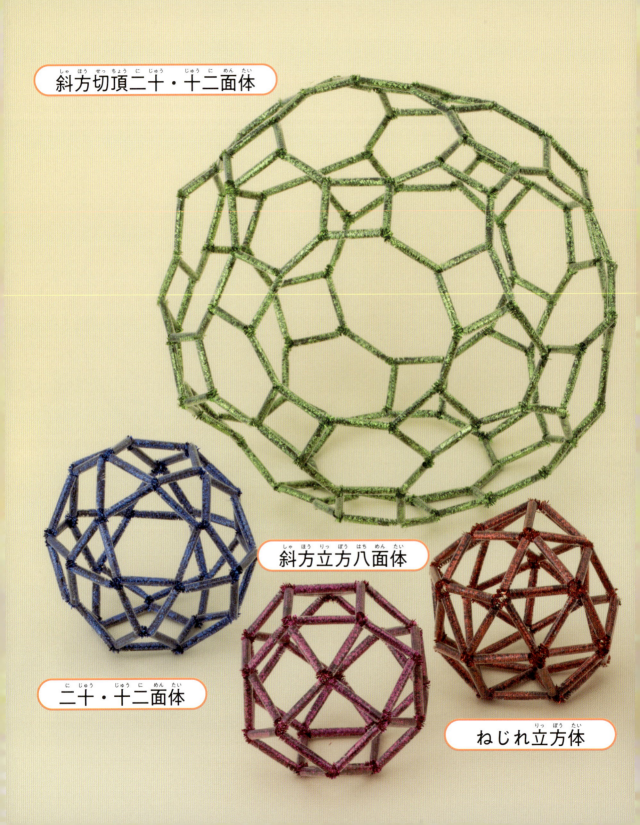

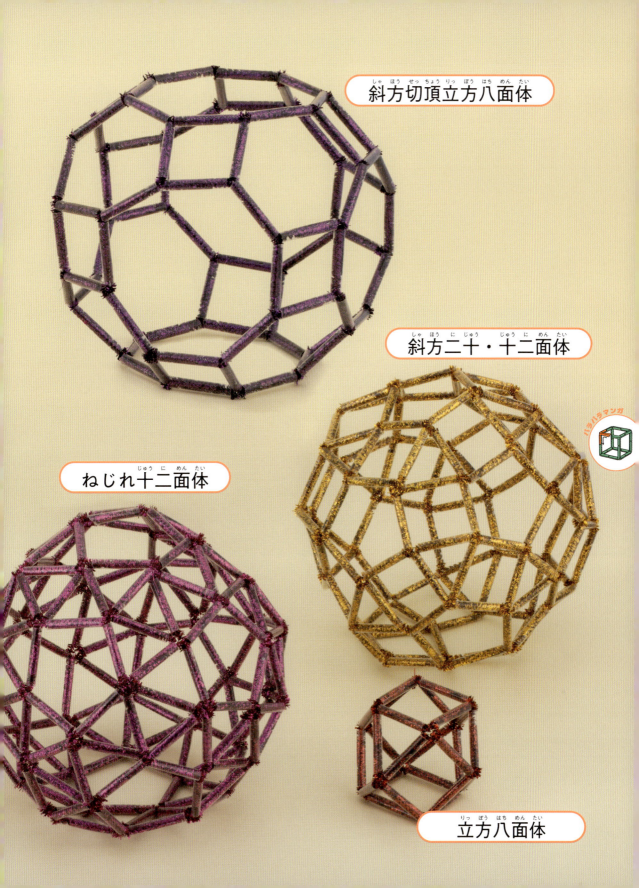

準正多面体は、構成する面やユニットに着目して紹介！

準正多面体の分類

まずは、準正多面体の分類について紹介します。P52〜55の準正多面体の多くは、「切頂系」、「斜方系」、「ねじれ系」の3種類に分類されます。これらは次のような性質を持っています。

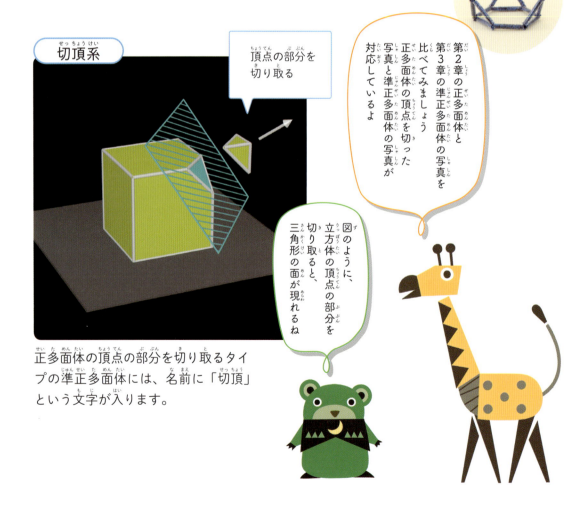

切頂系

頂点の部分を切り取る

第2章の正多面体と第3章の準正多面体の写真を比べてみましょう。正多面体の頂点を切った写真と準正多面体の写真が対応しているよ

図のように、立方体の頂点の部分を切り取ると、三角形の面が現れるね

正多面体の頂点の部分を切り取るタイプの準正多面体には、名前に「切頂」という文字が入ります。

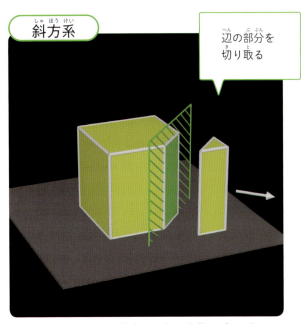

斜方系

辺の部分を切り取る

辺と平行に切り取りましょう　切り取った後、現れた面はどんな形かな？

正多面体の辺の部分を切り取るタイプの準正多面体には、名前に「斜方」という文字が入ります。

ねじれ系

きれいにねじれば、正三角形がきれいに埋め込めるね

正多面体を面で切り離して外側に広げ、さらにねじったときにできる空間上に正三角形を埋め込んだタイプの準正多面体には、名前に「ねじれ」という文字が入ります。

第3章　準正多面体　| 57

準正多面体の面を色分けして、特徴をとらえよう
準正多面体を構成する面

次に、準正多面体を構成する面について紹介します。準正多面体の面は、変形する前の正多面体の面、頂点を切ったときにできる面、辺を切ったときにできる面、面をねじったときにできる面の4種類に分類されます。この本では、この4種類の面の色を、下のように統一して表します。

面の色の説明

 ……変形する前の正多面体の面は黄色で表します

 ……頂点の部分を切ってできた面は青で表します

 ……辺の部分を切ってできた面は緑で表します

 ……面をねじった後にできた面はピンクで表します

準正多面体の特徴をつかんでいこう

色を意識して見れば、どんな変形をしているかが一目でわかるよ

準正多面体のページの見方を徹底解剖！

この章のページの見方

最後に、この章のページの見方について紹介します。
多面体の名前、完成図、立体を構成する面とその枚数、
ユニットと面の形の図を紹介します。

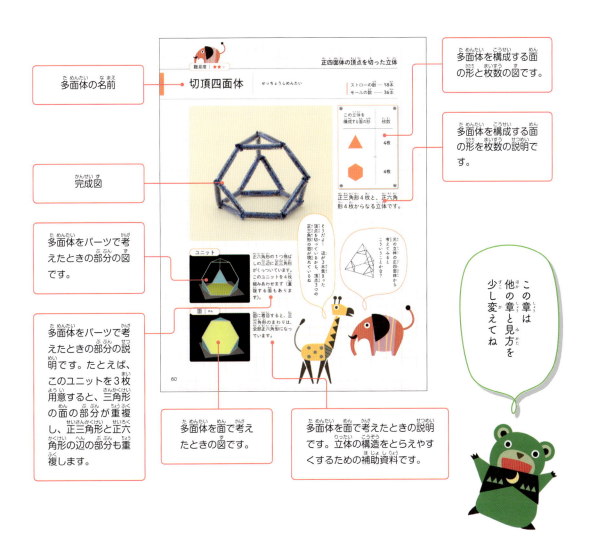

多面体の名前

完成図

多面体をパーツで考えたときの部分の図です。

多面体をパーツで考えたときの部分の説明です。たとえば、このユニットを3枚用意すると、三角形の面の部分が重複し、正三角形と正六角形の辺の部分も重複します。

多面体を構成する面の形と枚数の図です。

多面体を構成する面の形を枚数の説明です。

多面体を面で考えたときの図です。

多面体を面で考えたときの説明です。立体の構造をとらえやすくするための補助資料です。

この章は他の章と見方を少し変えてね

| 難易度 | ★★☆ |

切頂四面体

せっちょうしめんたい

正四面体の頂点を切った立体

ストローの数 ── 18本
モールの数 ── 36本

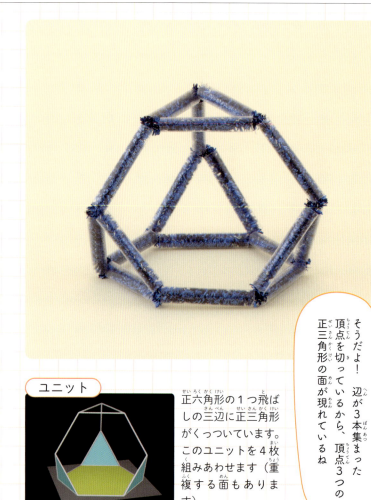

この立体を構成する面の形	枚数
△	4枚
⬡	4枚

正三角形4枚と、正六角形4枚からなる立体です。

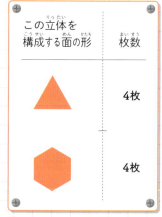

元の立体の正四面体から考えてみるとこういうことかな？

そうだよ！辺が3本集まった頂点を切っているから、頂点3つの正三角形の面が現れているね

ユニット

正六角形の1つ飛ばしの三辺に正三角形がくっついています。このユニットを4枚組みあわせます（重複する面もあります）。

面｜めん

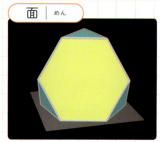

面に着目すると、正三角形のまわりは、全部正六角形になっています。

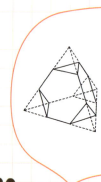

難易度 ★★☆

切頂六面体

せっちょうろくめんたい

正六面体の頂点を切った立体

| ストローの数 — 36本
| モールの数 —— 72本

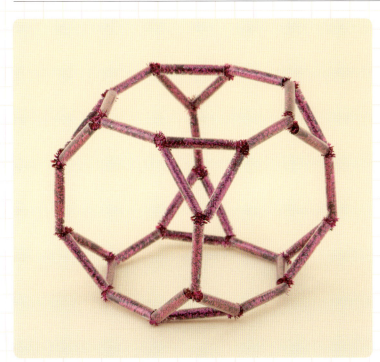

この立体を構成する面の形	枚数
△	8枚
⬟	6枚

正三角形8枚と、正八角形6枚からなる立体です。

パラパラマンガ

ユニット

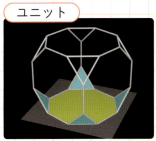

正八角形の1つ飛ばしの四辺に正三角形がくっついています。このユニットを6枚組みあわせます（重複する面もあります）。

面

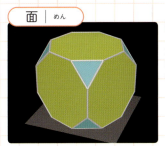

面に着目すると、正三角形のまわりは、全部正八角形になっています。

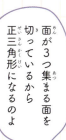
面が3つ集まる面を切っているから正三角形になるのよ

正六面体の8つの頂点を切っているから、正三角形の面が8枚なんだね

第3章 準正多面体　61

| 難易度 | ★★☆ |

切頂八面体

せっちょうはちめんたい

正八面体の頂点を切った立体

ストローの数 — 36本
モールの数 — 72本

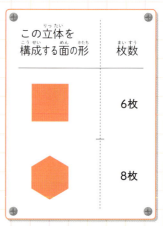

この立体を構成する面の形	枚数
（正方形）	6枚
（正六角形）	8枚

正四角形6枚と、正六角形8枚からなる立体です。

ユニット

正六角形の1つ飛ばしの三辺に正四角形がくっついています。このユニットを8枚組みあわせます（重複する面もあります）。

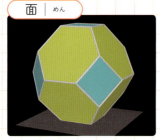

面 | めん

面に着目すると、正四角形のまわりは、全部正六角形になっています。

平行多面体は、その1種類だけで空間をすきまなくしきつめることができるのよ

すべての辺と面にそれぞれ平行に対応するものがあるねこれを平行多面体というのよ

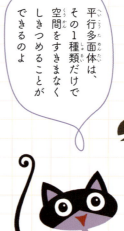

62

難易度 ★★★

切頂十二面体

せっちょうじゅうにめんたい

正十二面体の頂点を切った立体

ストローの数 — 90本
モールの数 — 180本

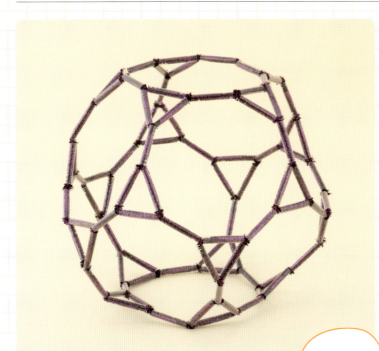

この立体を構成する面の形	枚数
△（正三角形）	20枚
●（正十角形）	12枚

正三角形20枚と、正十角形12枚からなる立体です。

ハラハラマンガ

ユニット

正十角形の1つ飛ばしの五辺に正三角形がくっついています。このユニットを12枚組みあわせます（重複する面もあります）。

面 | めん

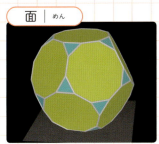

面に着目すると、正三角形のまわりは、全部正十角形になっています。

実際につくった多面体を見て、大きさを比較してみよう

ストローの本数が90本、モールの本数が180本。さっきつくった切頂八面体と比べると、だいぶ多く感じるなぁ

第3章 準正多面体　63

難易度 ★★★

切頂二十面体

せっちょうにじゅうめんたい

正二十面体の頂点を切った立体

ストローの数 — 90本
モールの数 — 180本

この立体を構成する面の形	枚数
(正五角形)	12枚
(正六角形)	20枚

正五角形12枚と、正六角形20枚からなる立体です。

サッカーボールの多くは、正五角形の面と正六角形の面をはり合わせてつくられているよ

ゴルフボールにも正五角形のくぼみがあるものがあるのよ

ユニット

正六角形の1つ飛ばしの三辺に正五角形がくっついています。このユニットを20枚組みあわせます（重複する面もあります）。

面

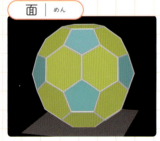

面に着目すると、正五角形のまわりは、全部正六角形になっています。

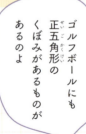

切頂二十面体

正二十面体から切頂二十面体ができるまで

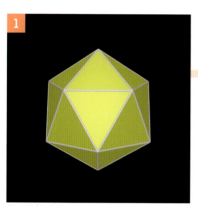

1

正二十面体です。

2

「頂点」を「切る」から「切頂」というんだったよね

正二十面体の頂点の部分を切ります。

3

正二十面体の頂点の部分を取り外します。

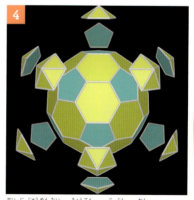

4

サッカーボールの形だね

正二十面体の頂点の部分を完全に切り離すと、現れた面が正五角形（水色の部分）、頂点を切って残った元の面が正六角形（黄色の部分）になっているのがわかります。

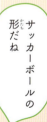

第3章 準正多面体 | 65

切頂二十面体のつくり方

◁ …すでにつくった部分のモール　◁ …新しく入れるモール

1

P41の正十二面体のつくり方と同じだね

正五角形をつくります。

2

正五角形の頂点から、それぞれのストローにモールを1本ずつ入れます。

3
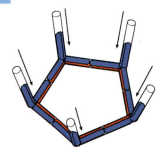

2で入れたモール2本に、ストローを1本ずつさします。

正五角形のまわりはすべて正六角形だから、正六角形をつくっていくわよ

4
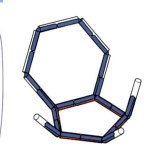

1の正五角形の辺を一辺とする正六角形を、ストローとモール4本を使ってつくります。

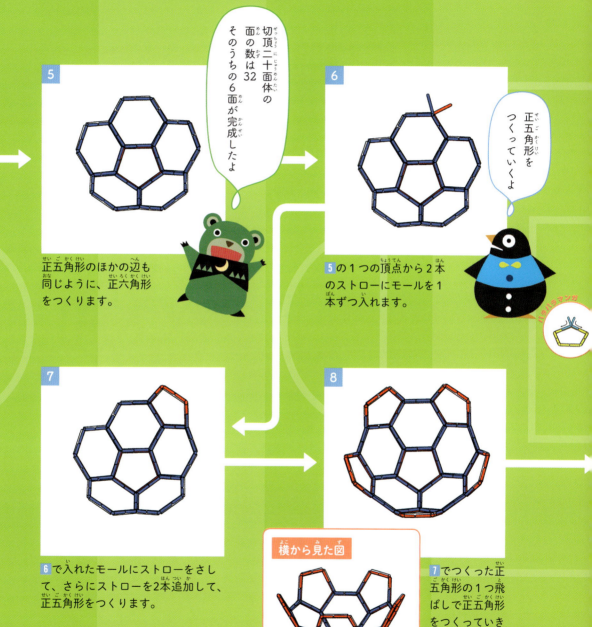

切頂二十面体 | つくり方のつづき ▶▶▶

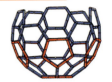
横から見た図

10

9 でつくった正六角形のあいだをうめるように、正六角形をつくります。

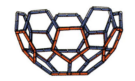
横から見た図

9

8 でつくった正五角形のあいだをうめるように、正六角形をつくります。

12

11 でつくった正五角形のあいだをうめるように、正六角形をつくります。

11
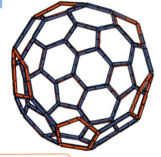

切頂二十面体が完成したよ

10 でつくった正六角形のあいだをうめるように、正五角形をつくります。

横から見た図

13
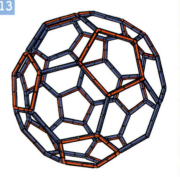

さいごにモールが1本しか入っていない部分にモールを入れ、正五角形をつくります。

切頂二十面体

チェック！

写真では辺の色が分かれているね。2つの色が混じっていないのはなぜだろう？

片方の色がストローの上になるように、違う色がストローの下になるように工夫すると1色だけになるように見えるね

内側から見た図

外側から見た図

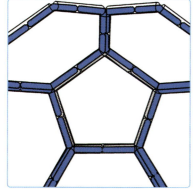

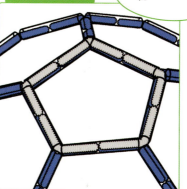

正五角形の内側が青になるようにモールを入れています。

正五角形の外側が銀になるようにモールを入れています。

第3章 準正多面体 69

難易度 ★★☆

立方八面体

りっぽうはちめんたい

正六面体または正八面体の頂点を切った立体

| ストローの数 — 24本
| モールの数 —— 48本

この立体を構成する面の形	枚数
三角形	8枚
四角形	6枚

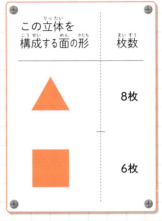

正三角形8枚と、正四角形6枚からなる立体です。

ぼくはまず、正四角形を6つつくったよ 3つずつ正四角形の頂点どうしをつなげていったら、正三角形ができたんだ

ユニット

正四角形の各辺に正三角形がくっついています。このユニットを6枚組みあわせます（重複する面もあります）。

面｜めん

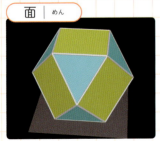

面に着目すると、正三角形のまわりは、全部正四角形になっています。

70

| 難易度 | ★★★ |

二十・十二面体

正二十面体または正十二面体の頂点を切った立体

にじゅう・じゅうにめんたい

| ストローの数 — 60本
| モールの数 — 120本

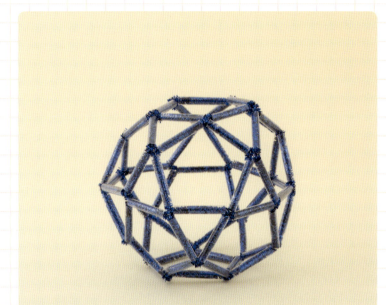

この立体を構成する面の形	枚数
△	20枚
⬠	12枚

正三角形20枚と、正五角形12枚からなる立体です。

パラパラマンガ

ユニット

正五角形の各辺に正三角形がくっついています。このユニットを12枚組みあわせます（重複する面もあります）。

面 めん

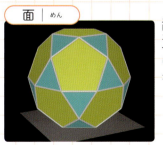

面に着目すると、正五角形のまわりは、正三角形になっています。

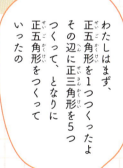

わたしはまず、正五角形を1つつくったよ
その辺に正三角形を5つつくって、となりに正五角形をつくっていったの

第3章 準正多面体

難易度 ★★☆

正六面体または正八面体の辺を切った立体

斜方立方八面体

しゃほう
りっぽうはちめんたい

ストローの数 — 48本
モールの数 — 96本

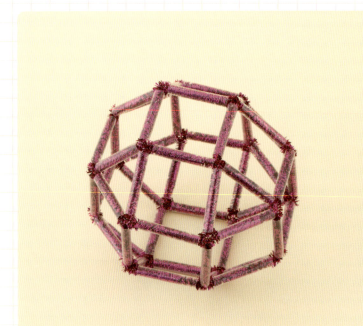

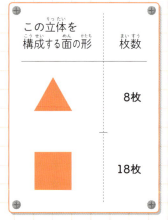

この立体を構成する面の形	枚数
三角形	8枚
四角形	18枚

正三角形8枚と、正四角形18枚からなる立体です。

ユニット

正四角形の頂点に正三角形がくっついていて、くっついている正三角形と正三角形のあいだに正四角形があります。このユニットを6枚組みあわせます（重複する面もあります）。

面

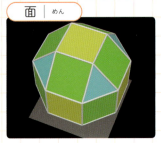

面に着目すると、正四角形の各辺に正四角形があって、そのあいだは正三角形になっています。

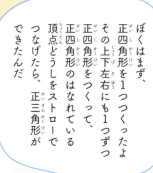

ぼくはまず、正四角形を1つつくったよ その上下左右にも1つずつ正四角形をつくって、正四角形のはなれている頂点どうしをストローでつなげたら、正三角形ができたんだ

難易度 ★★★

正二十面体または正十二面体の辺を切った立体

斜方二十・十二面体

しゃほうにじゅう・じゅうにめんたい

| ストローの数 | —120本 |
| モールの数 | ——240本 |

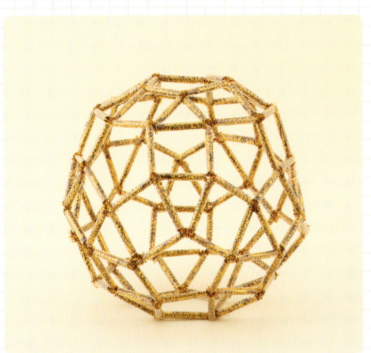

この立体を構成する面の形	枚数
▲ (正三角形)	20枚
■ (正四角形)	30枚
⬟ (正五角形)	12枚

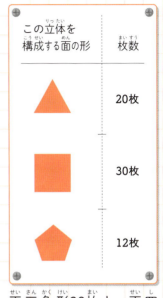

正三角形20枚と、正四角形30枚と、正五角形12枚からなる立体です。

ユニット

正五角形の頂点に正三角形がくっついていて、くっついている正三角形と正三角形のあいだに正四角形があります。このユニットを12枚組みあわせます（重複する面もあります）。

面

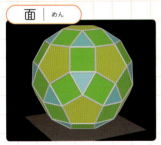

面に着目すると、正三角形の各辺に正四角形があって、そのあいだは正五角形になっています。

わたしはまず、正五角形を1つつくったよ　その辺に正四角形を5つつくって、正四角形のはなれている頂点どうしをストローでつなげたら、正三角形ができたの

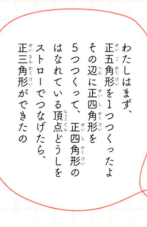

第3章 準正多面体　73

| 難易度 | ★★☆ |

斜方切頂立方八面体

しゃほうせっちょう
りっぽう
はちめんたい

立方八面体の頂点を切った立体

ストローの数 — 72本
モールの数 — 144本

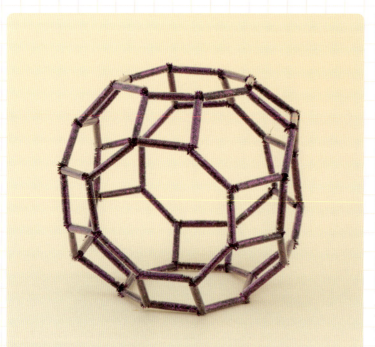

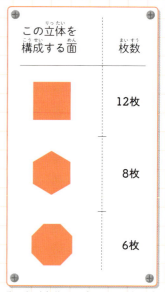

この立体を構成する面 / 枚数

- 正方形 — 12枚
- 正六角形 — 8枚
- 正八角形 — 6枚

正四角形12枚と、正六角形8枚と、正八角形6枚からなる立体です。

ユニット

正八角形の1つ飛ばしの四辺に正六角形がくっついていて、くっついている正六角形と正六角形のあいだに正四角形があります。このユニットを10枚組みあわせます（重複する面もあります）。

面

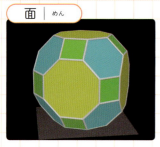

面に着目すると、正八角形の1つ飛ばしの各辺に正四角形があって、そのあいだは正六角形になっています。

ぼくはまず、正八角形を1つつくったよ その上下左右にも1つずつ正四角形をつくって、そのあいだに正六角形をつくっていったんだ

| 難易度 | ★★★ |

二十・十二面体の頂点を切った立体

斜方切頂二十・十二面体

しゃほうせっちょう
にじゅう・じゅうに
めんたい

| ストローの数 —— 180本
| モールの数 —— 360本

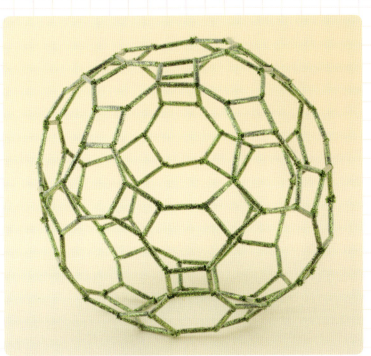

この立体を構成する面	枚数
■	30枚
⬢	20枚
●	12枚

正四角形30枚と、正六角形20枚と、正十角形12枚からなる立体です。

ユニット

正十角形の1つ飛ばしの五辺に正六角形がくっついていて、くっついている六角形と正六角形のあいだに正四角形があります。このユニットを10枚組みあわせます（重複する面もあります）。

面 | めん

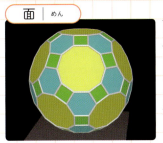

面に着目すると、正十角形の1つ飛ばしの各辺に正四角形があって、そのあいだは正六角形になっています。

わたしはまず、正十角形を1つつくったよ 1つ飛ばしの5つの辺に1つずつ正四角形をつくって、そのあいだに正六角形をつくっていったの

第3章 準正多面体

難易度 ★★★

立方体を面で切り離して外側に広げてねじり、あいだに正三角形をくっつけた立体

ねじれ立方体

ねじれりっぽうたい

ストローの数 — 60本
モールの数 — 120本

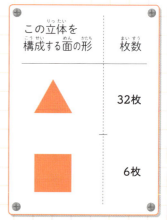

この立体を構成する面の形	枚数
△	32枚
■	6枚

正三角形32枚と、正四角形6枚からなる立体です。

ユニット

正四角形の各辺に正三角形がくっついています。このユニットを6枚組みあわせます（重複する面もあります）。

面

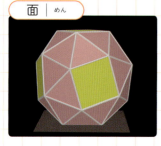

面に着目すると、正四角形のまわりは、全部正三角形になっています。正六面体を辺で切り離し、中心から外に向かって広げて、正四角形を少しねじって、あいだに正三角形を入れます。

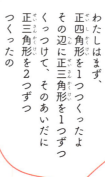

わたしはまず、正四角形を1つつくったよ。その辺に正三角形を1つずつくっつけて、そのあいだに正三角形を2つずつつくったの

ねじれ立方体の鏡像

ねじれ立方体には、じつは2種類あります。鏡に映る像を鏡像といいますが、それぞれお互いの鏡像になっています。

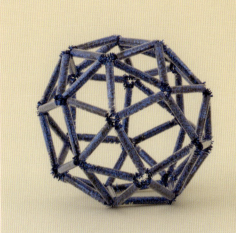
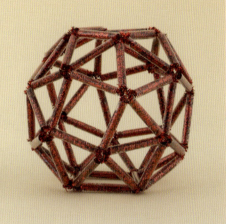

ユニット

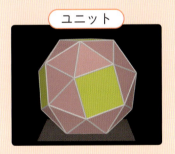

ユニット

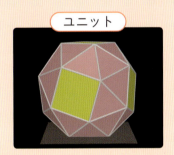

展開図の一部

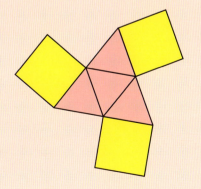

展開図の一部

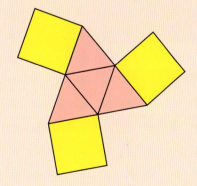

第3章 準正多面体 | 77

難易度 ★★★

十二面体を面で切り離して外側に広げてねじり、あいだに正三角形をくっつけた立体

ねじれ十二面体

ねじれじゅうにめんたい

ストローの数 — 150本
モールの数 — 300本

この立体を構成する面の形	枚数
▲（正三角形）	80枚
⬟（正五角形）	12枚

正三角形80枚と、正五角形12枚からなる立体です。

ユニット

正五角形の各辺に正三角形がくっついています。このユニットを12枚組みあわせます（重複する面もあります）。

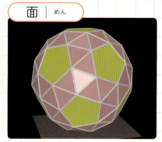

面

面に着目すると、正五角形のまわりは、全部正三角形になっています。正十二面体を辺で切り離し、中心から外に向かって広げて、正五角形を少しねじって、あいだに正三角形を入れます。

わたしはまず、正五角形を1つつくったよ その辺に正三角形を1つずつくっつけて、そのあいだに正三角形を2つずつつくったの

ねじれ十二面体の鏡像

ねじれ十二面体にも2種類あり、それぞれお互いの鏡像になっています。

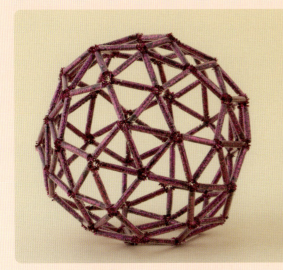
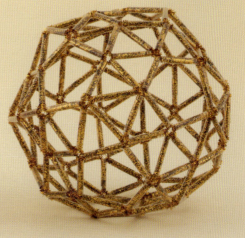

ユニット

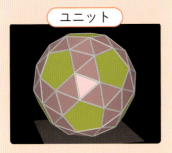

ユニット

展開図の一部

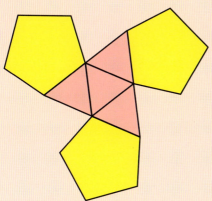

展開図の一部

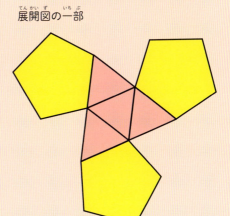

第4章 デルタ多面体

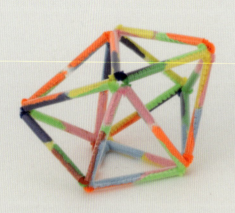

デルタ十二面体

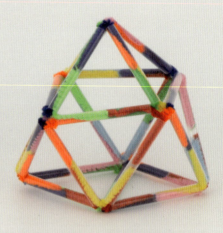

デルタ十四面体

デルタ四面体

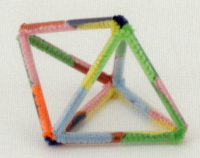

デルタ六面体

デルタ多面体は、全部で8つあります。すべての面が正三角形で、へこみのない多面体です。8つのデルタ多面体のうち、3つは正多面体でもあります。

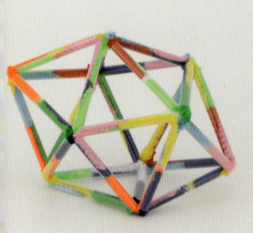

デルタ十六面体

デルタ二十面体

デルタ八面体

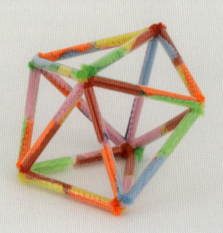

デルタ十面体

難易度 ★☆☆

正多面体でもある、いちばん小さなデルタ多面体

デルタ四面体

でるたしめんたい

ストローの数 —— 6本
モールの数 —— 12本

すべての面が正三角形で構成される多面体の中で、面の数がいちばん少ないのはデルタ四面体です。デルタ四面体は、正四面体でもあります。P27〜29のつくり方と同じです。

デルタ多面体の「デルタ」って何だろう？

社会で習った「デルタ地帯」と関係があるのかな？

難易度 | ★☆☆

正三角錐を2つくっつけた多面体

デルタ六面体

でるたろくめんたい

| ストローの数 —— 9本
| モールの数 —— 18本

すべての面が正三角形で構成される多面体の中で、面の数が2番目に少ないのはデルタ六面体です。正三角錐を2つくっつけて、重複する辺を1本にまとめた立体です。

だから「すべての面が正三角形で、へこみのない多面体」を「デルタ多面体」とよぶのね

Δ（デルタ）はギリシア文字の1つで、アルファベットのD（ディー）に相当しますこの文字の形が三角形に似ているので、三角形をしたものを「デルタ」とよぶことがあるんだ

第4章　デルタ多面体　| 83

| 難易度 | ★☆☆ |

デルタ八面体

でるたはちめんたい

正多面体でもあるデルタ多面体

| ストローの数 — 12本
| モールの数 —— 24本

デルタ八面体は、正八面体でもあります。P37〜39のつくり方と同じです。デルタ八面体は、正四角錐を2つくっつけて、重複する辺を1本にまとめた立体です。

言葉の意味をきめることによって、同じ立体でも名前がいろいろあるんだね

言葉の意味をきめることを、「定義する」といいます デルタ多面体の定義は、「すべての面が正三角形で、へこみのない多面体」だね

| 難易度 | ★☆☆ |

正五角錐を2つくっつけた多面体

デルタ十面体

でるたじゅうめんたい

| ストローの数 —— 15本
| モールの数 —— 30本

デルタ十面体は、正五角錐を2つくっつけて、重複する辺を1本にまとめた立体です。

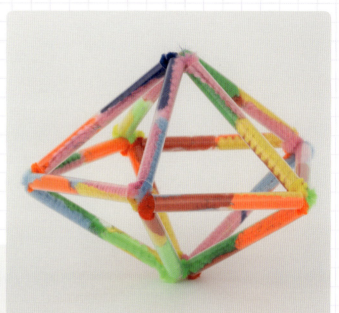

パラパラマンガ

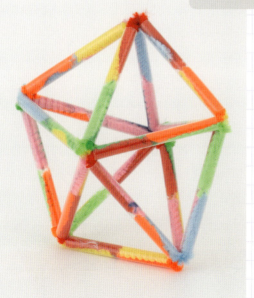

正五角錐の錐という字は、「きり」とも読みます木に穴をあける、先のとがった道具なの

第4章 デルタ多面体　85

| 難易度 | ★★★ |

見落とされがちなデルタ多面体

デルタ十二面体

でるたじゅうにめんたい

ストローの数 —— 18本
モールの数 —— 36本

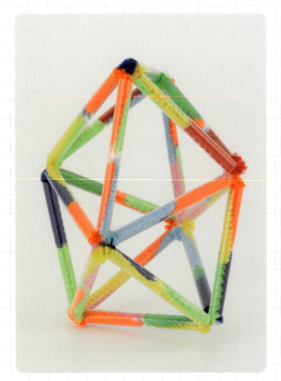
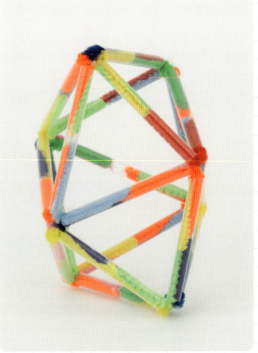

デルタ十二面体は、正五角錐を2つくっつけて、さらに正三角形を2つつけた立体です。

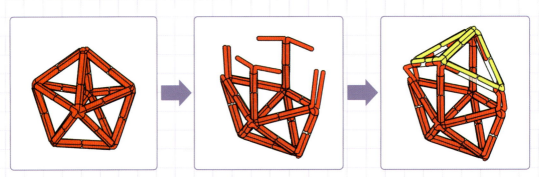

デルタ十面体の上の部分を開いて正三角形2つをかぶせます。

難易度 ★★★

デルタ十四面体

でるた
じゅうよんめんたい

正三角柱に正四角錐を3つくっつけた多面体

| ストローの数 — 21本
| モールの数 —— 42本

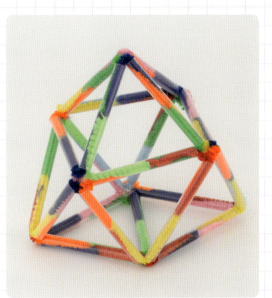

真正面から見た図は「立面図」、真上から見た図は「平面図」というよ

デルタ十四面体は、正三角柱（P17〜19でつくりました）を真ん中に置いて、正四角形の部分に正四角錐を3つくっつけた立体です。

だんだん複雑になってきたなぁ
複雑だからこそ、いろいろな角度から見るとわかりやすいね

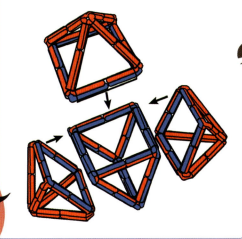

第4章 デルタ多面体　87

難易度 ★★★

デルタ十六面体

でるたじゅうろくめんたい

正四角反柱に正四角錐を2つくっつけた多面体

ストローの数 ── 24本
モールの数 ── 48本

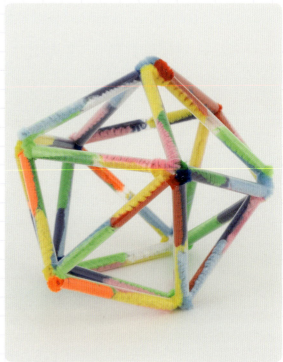

デルタ十六面体は、正四角反柱の上の面と下の面に正四角錐を2つくっつけた立体です。正四角反柱は、正四角柱をねじって側面をすべて正三角形にした多面体です。

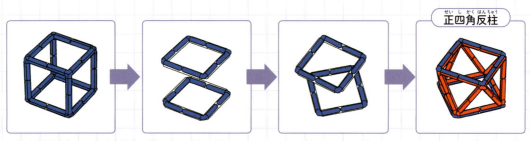

正四角反柱

正四角反柱は、正四角柱の上の面と下の面だけを残して、上の面を45度回転させ、側面に正三角形をくっつけてできる立体です。

難易度 ★★★

正多面体でもある、いちばん大きなデルタ多面体

デルタ二十面体

でるた にじゅうめんたい

ストローの数 ― 30本
モールの数 ―― 60本

すべての面が正三角形で構成される多面体の中で、面の数がいちばん多いのはデルタ二十面体です。デルタ二十面体は、正二十面体でもあります。P45〜47のつくり方と同じです。

デルタ多面体の名前の数字に注目してみましょう
4、6、8、10、12、14、16、20
おや？ 2ずつ増えていますね！
正三角形18枚ではどんな形になるかしら？
なぜデルタ十八面体になれなかったのかしら？
考えてみましょう

第4章 デルタ多面体 | 89

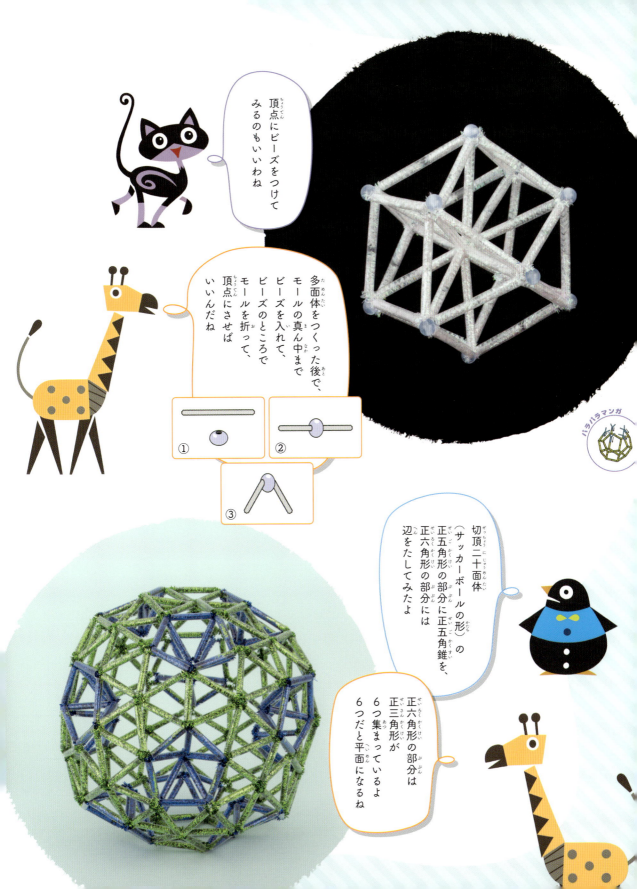

立体一覧

番号にかっこがついているものは、同じものがある多面体だよ

■ 正多角柱　■ 正多面体　■ 準正多面体　■ デルタ多面体　■ そのほか

	名前	写真	ストローの本数	モールの本数
1	正三角柱		9	18
(2)	正四角柱		12	24
3	正五角柱		15	30
4	正六角柱		18	36
5	正四面体		6	12
(6)	正六面体（立方体）		12	24
7	正八面体		12	24
8	正十二面体		30	60

	名前	写真	ストローの本数	モールの本数
(9)	正二十面体		30	60
10	切頂四面体		18	36
11	切頂六面体		36	72
12	切頂八面体		36	72
13	切頂十二面体		90	180
14	切頂二十面体		90	180
15	立方八面体		24	48
16	二十・十二面体		60	120
17	斜方立方八面体		48	96

一覧のつづき

	名前	写真	ストローの本数	モールの本数
18	斜方二十・十二面体		120	240
19	斜方切頂立方八面体		72	144
20	斜方切頂二十・十二面体		180	360
21	ねじれ立方体		60	120
22	ねじれ十二面体		150	300
(23)	デルタ四面体		6	12
24	デルタ六面体		9	18
(25)	デルタ八面体		12	24
26	デルタ十面体		15	30

	名前	写真	ストローの本数	モールの本数
27	デルタ十二面体		18	36
28	デルタ十四面体		21	42
29	デルタ十六面体		24	48
(30)	デルタ二十面体		30	60
31	★		36	72
32	★		270	720
33	★		60	120
34	★		90	240

バラバラマンガ

◆P500の答え

立体一覧 | 95

おわりに

　ストローとモールの多面体をきれいに仕上げるためには、ストローとモールの長さを均等にそろえなければなりません。より複雑な多面体をつくろうとすればするほど、1mm単位のずれが気になると思います。この作業を通して、地道にこつこつ積み上げる力が自然に身についたのではないでしょうか。
　モールは、商品によっては、一パックに何色も入っているため、一色でそろえようとすると何パック必要かなどを計算する必要があります。逆に、すべての色を使いたいと考えた場合は、何通りあるのかが気になるかもしれません。どのような配色にすればきれいになるかなども、制作途中で考えたことと思います。
　本書を通して、数学が好きではなかった人が少しでも好きに、元々好きだった人がより好きになってもらえれば幸いです。

制　作	藤本晃一（株式会社 開発社）
	柳沢成一郎（株式会社 開発社）
デザイン	杉本龍一郎（株式会社 開発社）
	太田俊宏（株式会社 開発社）
	水木良太（あついデザイン研究所）
撮　影	榎本壯三
イラストレーション	hikarin、ほんだあきと
画像協力	株式会社ナオコ
	http://www.naoco.com/index.htm
編集担当	三上佳津江

掲載商品の会社HP

株式会社大創産業
https://www.daiso-sangyo.co.jp/

**ストローとモールでつくる
幾何学オブジェ
100均グッズで学ぶ多面体**

2018年7月31日　初　版発行
2019年9月17日　第2刷発行

著　者	公益財団法人 日本数学検定協会
発行者	清水 静海
発行所	公益財団法人 日本数学検定協会
	〒110-0005 東京都台東区上野五丁目1番1号
	https://www.su-gaku.net/
発売所	丸善出版株式会社
	〒101-0051 東京都千代田区神田神保町二丁目17番
	TEL 03-3512-3256　FAX 03-3512-3270
	https://www.maruzen-publishing.co.jp/
印刷・製本	錦明印刷株式会社

ISBN978-4-901647-83-0　C0041

©The Mathematics Certification Institute of Japan 2018 Printed in Japan

※落丁・乱丁本はお取り替えいたします。
※本書の全部または一部を無断で複写複製（コピー）することは著作権法上の例外を除き、禁じられています。
※本の内容についてお気づきの点は、書名を明記の上、公益財団法人日本数学検定協会宛に郵送・FAX（03-5812-8346）いただくか、当協会ホームページの「お問合せ」をご利用ください。電話での質問はお受けできません。